小数のか[...]

月　　日

中

個／合格 **9**個

1 計算をしましょう。

❶ 2×0.8

❷ 700×0.03

2 計算をしましょう。

❶
```
    1 3
×  0.5
```

❷
```
    2 8
×  0.9
```

❸
```
     5 5
× 0.0 7
```

❹
```
     8 7
× 0.0 2
```

❺
```
     2 3
× 0.0 8
```

❻
```
   1 1 5
×   0.7
```

❼
```
   1 3 8
×   0.8
```

❽
```
    3 2 4
× 0.0 3
```

❾
```
      7 5 9
× 0.0 0 5
```

答えは67ページ ☞

小数のかけ算 ②

1 計算をしましょう。

❶ 　 40
　 ×2.1

❷ 　　 9
　 ×6.8

❸ 　　 5
　 ×0.23

❹ 　 26
　 ×1.2

❺ 　 51
　 ×8.8

❻ 　720
　 ×0.44

❼ 　543
　 ×0.25

❽ 　　636
　 ×0.043

❾ 　　22
　 ×1.78

小数点の
位置に
注意！

答えは67ページ ☞

小数のかけ算 ③

月　　日

正解
11個中

個／合格 9個

1 計算をしましょう。

① 0.6×0.6

② 0.5×0.8

2 計算をしましょう。

①
$$\begin{array}{r} 3.9 \\ \times\, 0.2 \\ \hline \end{array}$$

②
$$\begin{array}{r} 1.7 \\ \times\, 0.3 \\ \hline \end{array}$$

③
$$\begin{array}{r} 2.5 \\ \times\, 0.7 \\ \hline \end{array}$$

④
$$\begin{array}{r} 9.1 \\ \times\, 0.2 \\ \hline \end{array}$$

⑤
$$\begin{array}{r} 25.1 \\ \times\ \ 0.3 \\ \hline \end{array}$$

⑥
$$\begin{array}{r} 86.2 \\ \times\ \ 0.8 \\ \hline \end{array}$$

⑦
$$\begin{array}{r} 44.8 \\ \times\ \ 0.6 \\ \hline \end{array}$$

⑧
$$\begin{array}{r} 38.7 \\ \times\ \ 0.9 \\ \hline \end{array}$$

⑨
$$\begin{array}{r} 31.5 \\ \times\ \ 0.4 \\ \hline \end{array}$$

答えは67ページ ☞

小数のかけ算 ④

月　日

正解
9個中

個／合格 8個

1 計算をしましょう。

① $\begin{array}{r} 0.5 \\ \times\, 5.3 \\ \hline \end{array}$

② $\begin{array}{r} 0.7 \\ \times\, 4.4 \\ \hline \end{array}$

③ $\begin{array}{r} 0.6 \\ \times\, 7.8 \\ \hline \end{array}$

④ $\begin{array}{r} 3.7 \\ \times\, 2.1 \\ \hline \end{array}$

⑤ $\begin{array}{r} 4.5 \\ \times\, 1.8 \\ \hline \end{array}$

⑥ $\begin{array}{r} 1.3 \\ \times\, 7.9 \\ \hline \end{array}$

⑦ $\begin{array}{r} 4.2 \\ \times\, 3.4 \\ \hline \end{array}$

⑧ $\begin{array}{r} 6.5 \\ \times\, 8.3 \\ \hline \end{array}$

⑨ $\begin{array}{r} 8.2 \\ \times\, 2.8 \\ \hline \end{array}$

答えは67ページ ☞

小数のかけ算 ⑤

1 計算をしましょう。

① 　64.6
　 ×　6.4

② 　32.7
　 ×　5.7

③ 　17.7
　 ×　5.9

④ 　89.5
　 ×　4.8

⑤ 　48.4
　 ×　1.6

⑥ 　　2.8
　 ×14.2

⑦ 　　8.4
　 ×77.5

⑧ 　67.5
　 ×14.9

⑨ 　45.9
　 ×89.1

LESSON 6

小数のかけ算 ⑥

月　　　日

正解
9個中

個／合格 **8個**

---

1 計算をしましょう。

① 　0.8 2
　×　0.4

② 　　9.7
　×0.0 7

③ 　　7.1
　×0.0 6

④ 　0.9 3
　×　0.5

⑤ 　0.3 4
　×　0.4

⑥ 　　7.6
　×0.0 2

⑦ 　5 6.4
　×0.0 8

⑧ 　4 5.1
　×0.0 4

⑨ 　6.8 6
　×　0.6

6

答えは68ページ ☞

小数のかけ算 ⑦

1 計算をしましょう。

❶
```
    0.3
×  0.8 3
```

❷
```
   0.0 5
×    7.8
```

❸
```
   0.0 4
×    3.2
```

❹
```
   0.8 7
×    3.5
```

❺
```
   0.7 5
×    2.9
```

❻
```
   0.8 1
×    9.7
```

❼
```
    5.4
×  0.6 5
```

❽
```
    1.2
×  0.7 3
```

❾
```
    4.6
×  0.2 9
```

答えは68ページ

小数のかけ算 ⑧

1 計算をしましょう。

① 　　 1 5.1
　 ×　0.3 9

② 　　 6 6.2
　 ×　0.8 4

③ 　　 2 8.4
　 ×　0.6 7

④ 　　 7 6.9
　 ×　0.5 4

⑤ 　　 3.7 4
　 ×　　 4.2

⑥ 　　 8.3 7
　 ×　　 4.6

⑦ 　　 9.2 3
　 ×　　 7.1

⑧ 　　 0.4 3
　 ×　8 9.9

⑨ 　　 5.8 2
　 ×　9.7 1

答えは68ページ ☞

小数のかけ算の虫食い算 ①

1　□にあてはまる 0 から 9 の整数を書きましょう。

①

```
        2 . [ア]
    ×  [イ]. 9
    ----------
      2 2 [ウ]
  1 [エ][オ]
    ----------
 [カ] 9 . 7 [キ]
```

②

```
        5 . 4
    × [ア].[イ]
    ----------
      1 [ウ] 2
 [エ][オ]
    ----------
 [カ].[キ][ク]
```

③

```
        1 . 4
    ×  6 [ア]. 6
    ----------
        8 [イ]
   [ウ][エ]
 [オ][カ]
    ----------
   9 [キ]. 6 [ク]
```

イとクは
同じ数だね。

小数のかけ算の虫食い算 ②

1 □にあてはまる 0 から 9 の整数を書きましょう。

❶
```
      ［ア］. 9 ［イ］
  ×   ［ウ］. ［エ］
  ─────────────
      6  5  1
  ［オ］［カ］［キ］
  ─────────────
  ［ク］.［ケ］ 6  1
```

❷
```
          ［ア］.［イ］
  ×   0 . ［ウ］ 1
  ───────────────
          ［エ］ ［オ］
  1  ［カ］    4
  ───────────────
  2 . 0  3 ［キ］
```

❸
```
          ［ア］.［イ］
  ×   5 . ［ウ］［エ］
  ───────────────
          ［オ］   8
      ［カ］ ［キ］
  ［ク］   0
  ───────────────
  8 . 6  8  8
```

オ＋キ は
8 か 18 だ!

答えは69ページ ☞

まとめテスト ①

1 計算をしましょう。

❶
```
    5 7
×0.0 3
```

❷
```
    8.9
×  3.1
```

❸
```
  0.1 1
×0.5 6
```

❹
```
  0.3 2
×   1.3
```

❺
```
  2 9.3
×0.7 8
```

❻
```
  6.5 6
×   2.2
```

2 □にあてはまる０から９の整数を書きましょう。

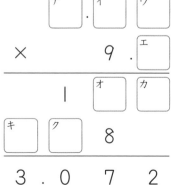

答えは69ページ☞

まとめテスト ②

1 計算をしましょう。

❶
```
    9.1
×  0.8
```

❷
```
   89.4
× 0.06
```

❸
```
    6.2
× 0.53
```

❹
```
    3.7
×  8.2
```

❺
```
   2.59
× 0.16
```

❻
```
   0.83
× 49.8
```

2 □にあてはまる 0 から 9 の整数を書きましょう。

```
       ［ア］ ［イ］. ［ウ］
×    0 .  1    4
［エ］ ［オ］ ［カ］   8
    4  ［キ］   7
［ク］. 3    9  ［ケ］
```

答えは69ページ ☞

小数のわり算 ①

月　　日
正解
11個中

個 ／ 合格 9個

1 計算をしましょう。

❶ 16÷0.4

❷ 810÷0.09

2 計算をしましょう。

❶ 0.6)3

❷ 0.5)2

❸ 0.5)4

❹ 1.5)6

❺ 1.4)7

❻ 0.5)85

❼ 0.4)50

❽ 0.4)64

❾ 0.6)81

13

答えは69ページ ☞

LESSON 14

小数のわり算 ②

月　日

正解 9個中　個／合格 8個

1 計算をしましょう。

❶ $2.8 \overline{)84}$

❷ $2.2 \overline{)55}$

❸ $3.5 \overline{)63}$

❹ $0.25 \overline{)1}$

❺ $0.12 \overline{)3}$

❻ $0.56 \overline{)98}$

❼ $0.75 \overline{)39}$

❽ $0.12 \overline{)408}$

❾ $0.25 \overline{)573}$

答えは70ページ ☞

小数のわり算 ③

月　　日

正解
11個中

個 ／ 合格 9個

1 計算をしましょう。

❶ 3.6÷0.9

❷ 6.4÷0.08

2 計算をしましょう。

❶ 1.6) 6.4

❷ 1.3) 7.8

❸ 0.19) 0.95

❹ 2.6) 83.2

❺ 8.5) 93.5

❻ 0.16) 8.8

❼ 1.3) 5.98

❽ 3.3) 7.59

❾ 0.23) 0.368

答えは70ページ ☞

小数のわり算 ④

1 わり切れるまで計算しましょう。

❶ 4.5〉6.3

❷ 8.2〉61.5

❸ 0.12〉1.14

❹ 1.65〉5.94

❺ 4.25〉6.8

❻ 0.75〉8.7

❼ 0.24〉3.48

❽ 0.28〉9.1

❾ 2.4〉5.4

小数のわり算 ⑤

1 計算をしましょう。

❶ $2.3\overline{)0.92}$

❷ $1.6\overline{)0.64}$

❸ $0.19\overline{)0.076}$

❹ $0.13\overline{)0.091}$

❺ $3.1\overline{)1.86}$

❻ $2.7\overline{)0.243}$

❼ $2.3\overline{)0.897}$

❽ $2.9\overline{)0.522}$

❾ $0.59\overline{)0.0885}$

小数のわり算 ⑥

1 わり切れるまで計算しましょう。

① $0.85\overline{)0.68}$　　② $2.5\overline{)0.6}$　　③ $1.2\overline{)0.54}$

④ $1.06\overline{)0.159}$　　⑤ $13.6\overline{)4.76}$　　⑥ $32.5\overline{)0.78}$

⑦ $2.25\overline{)0.36}$　　⑧ $4.4\overline{)0.902}$　　⑨ $11.6\overline{)7.83}$

答えは70ページ☞

小数のわり算 ⑦

1 商は一の位まで求めて，余りもだしましょう。

❶
$0.9 \overline{)8.4}$

❷
$1.6 \overline{)8.9}$

❸
$1.8 \overline{)9.7}$

❹
$0.94 \overline{)7.64}$

❺
$2.3 \overline{)41.6}$

❻
$0.58 \overline{)6.2}$

❼
$0.13 \overline{)7.5}$

❽
$2.5 \overline{)6.55}$

❾
$1.9 \overline{)7.42}$

答えは71ページ ☞

小数のわり算 ⑧

1 商は $\frac{1}{10}$ の位まで求めて，余りもだしましょう。

❶
$0.8 \overline{)0.21}$

❷
$1.4 \overline{)0.51}$

❸
$6.2 \overline{)8.07}$

❹
$3.4 \overline{)8.99}$

❺
$6.3 \overline{)8.4}$

❻
$1.6 \overline{)9.4}$

❼
$2.6 \overline{)9.6}$

❽
$6.1 \overline{)14.3}$

❾
$0.22 \overline{)3.56}$

答えは71ページ ☞

小数のわり算 ⑨

1 商を一の位までのがい数で表しましょう。

❶
$0.9\overline{)1.6}$

❷
$1.3\overline{)5.43}$

❸
$0.5\overline{)9.1}$

❹
$8.1\overline{)9.9}$

❺
$0.67\overline{)7.7}$

❻
$3.9\overline{)52.8}$

2 商を $\dfrac{1}{10}$ の位までのがい数で表しましょう。

❶
$0.8\overline{)0.138}$

❷
$1.6\overline{)7.9}$

❸
$6.1\overline{)9.43}$

答えは71ページ ☞

小数のわり算 ⑩

1 商を上から 2 けたのがい数で表しましょう。

❶
$$0.6\overline{)75.2}$$

❷
$$0.52\overline{)88.9}$$

❸
$$0.3\overline{)6.2}$$

❹
$$3.7\overline{)5}$$

❺
$$0.27\overline{)8.3}$$

❻
$$2.6\overline{)3.6}$$

❼
$$2.2\overline{)0.92}$$

❽
$$2.5\overline{)3.09}$$

❾
$$0.38\overline{)6.63}$$

上から 3 けた目まで商を求めよう。

まとめテスト ③

1 わり切れるまで計算しましょう。

❶ $2.6\overline{)0.39}$

❷ $3.5\overline{)6.93}$

❸ $0.15\overline{)1.83}$

2 商は $\frac{1}{10}$ の位まで求めて，余りもだしましょう。

❶ $2.2\overline{)0.92}$

❷ $7.7\overline{)6.3}$

❸ $0.95\overline{)1.2}$

❹ $0.85\overline{)7.4}$

❺ $1.3\overline{)5.01}$

❻ $0.67\overline{)38.4}$

答えは72ページ ☞

まとめテスト ④

1 商を $\frac{1}{10}$ の位までのがい数で表しましょう。

❶
$4.8\overline{)2.5}$

❷
$2.8\overline{)0.47}$

❸
$9.5\overline{)1.34}$

❹
$8.4\overline{)7.57}$

❺
$9.3\overline{)28.5}$

❻
$17.8\overline{)34.2}$

2 商を上から2けたのがい数で表しましょう。

❶
$0.31\overline{)9}$

❷
$0.8\overline{)52.7}$

❸
$6.8\overline{)6.16}$

小数の計算 ①

1 くふうして計算しましょう。

❶ 2.8+0.5+2.2

❷ 0.7+0.62+0.3

❸ 0.56+3.2+0.24

❹ 2.5×6.4×4

❺ 6×1.03×1.5

❻ 1.4×5.1×5

2 くふうして計算しましょう。

❶ 10.5+4.8+3.2

❷ 0.07+0.45+0.25

❸ 4.1+0.81+0.09

❹ 5.4×0.25×4

❺ 0.2×0.8×5

❻ 3.1×0.05×2

小数の計算 ②

月　　日
正解
12個中
個 / 合格 10個

1 くふうして計算しましょう。

❶ 11.25+0.17+0.75

❷ 2.42+10.61+0.58

❸ 1.3+3.4+6.6

❹ 0.23+1.82+7.18

❺ 0.47+5.6+2.53+4.4

❻ 7.8+8.69+2.2+1.31

2 くふうして計算しましょう。

❶ 1.2×0.9×5

❷ 5×2.1×1.8

❸ 8×9.4×0.25

❹ 7×0.04×15

❺ 7.3×0.75×4

❻ 2.8×0.25

答えは72ページ☞

1 □にあてはまる数を書きましょう。

❶ $15.25×4=\left(15+\boxed{}^{ア}\right)×4$

$=\boxed{}^{イ}×\boxed{}^{ウ}+\boxed{}^{ア}×\boxed{}^{ウ}$

$=\boxed{}^{エ}+\boxed{}^{オ}=\boxed{}^{カ}$

❷ $5×99.8=5×\left(100-\boxed{}^{ア}\right)$

$=\boxed{}^{イ}×\boxed{}^{ウ}-\boxed{}^{イ}×\boxed{}^{ア}$

$=\boxed{}^{エ}-\boxed{}^{オ}=\boxed{}^{カ}$

2 くふうして計算しましょう。

❶ $0.125×18$　　　　❷ $4×5.25$

❸ $104×5×0.5$　　　❹ $8.8×1.25$

❺ $10.1×4.4$　　　　❻ $13×0.99$

❼ $6.5×98$　　　　　❽ $0.39×25$

小数の計算 ④

1 ☐ にあてはまる数を書きましょう。

❶ $5.7×3.14−3.7×3.14=\left(\boxed{}−\boxed{}\right)×\boxed{}$

$\qquad\qquad\qquad\quad=\boxed{}×\boxed{}$

$\qquad\qquad\qquad\quad=\boxed{}$

❷ $5×0.78+5×0.22=\boxed{}×\left(\boxed{}+\boxed{}\right)$

$\qquad\qquad\qquad\quad=\boxed{}×\boxed{}$

$\qquad\qquad\qquad\quad=\boxed{}$

2 くふうして計算しましょう。

❶ $2.3×0.35−0.3×0.35$　　❷ $1.25×9.26−1.25×1.26$

❸ $2.28×4−2.03×4$　　❹ $2×3.69−5×1.23$

❺ $2.7×9+7.3×9$　　❻ $8.5×1.72+8.5×0.28$

❼ $0.12×8+8×1.13$　　❽ $6.28×3+31.4×0.4$

小数のわり算の虫食い算 ①

1 □にあてはまる 0 から 9 の整数を書きましょう。

❶

```
              1 . [ア]
   [イ] . 5 ) 4 . [ウ]
           [エ][オ]
           [カ]  4  [キ]
           [ク][ケ][コ]
                    0
```

❷

```
                1 . [ア][イ]
   [ウ] . [エ] ) 5 . 9  [オ]
             [カ][キ]
             [ク]  5  [ケ]
              2   3   8
             [コ][サ][シ]
             [ス][セ][ソ]
                      0
```

答えは73ページ ☞

小数のわり算の虫食い算 ②

1 □にあてはまる 0 から 9 の整数を書きましょう。

❶

```
              5 . [ア]
  1 . [イ] ) [ウ] . [エ]
          8   [オ]
      ┌──────────────
      [カ] [キ]   [ク]
      [ケ] [コ]    6
      ────────────────
             4
```

❷

```
              [ア] . [イ] [ウ] [エ]
  5 . [オ] ) [カ] . [キ] [ク] [ケ]
            5       4
          ┌──────────────────
          [コ] [サ] [シ]
          [ス] [セ]    0
          ──────────────────
             4    2    0
             [ソ] [タ] [チ]
          ──────────────────
                  4    2
```

カの下に数が
ないから…

答えは73ページ ☞

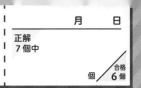

1 □にあてはまる 0 から 9 の整数を書きましょう。

商に 3 が
たっているということは，
わる数は…?

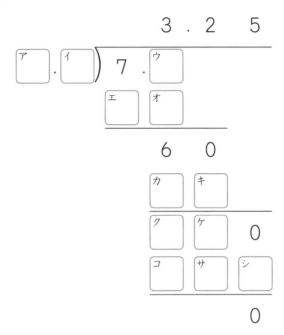

2 くふうして計算しましょう。

❶ 0.91＋8.9＋0.09＋1.1　　❷ 6.4×0.125

❸ （0.25−0.025）×4　　❹ 8.4×1.01

❺ 6.7×0.49＋3.3×0.49　　❻ 0.81×8＋0.09×18

まとめテスト ⑥

1 □にあてはまる 0 から 9 の整数を書きましょう。

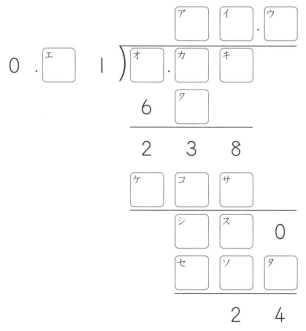

2 くふうして計算しましょう。

❶ 4.44＋5.55＋4.45＋0.56　❷ 0.08×12.5×0.25×4

❸ 8×1.26　　　　　　　　　❹ 3.99×25

❺ 2.65×0.83−0.83×0.65　❻ 2.5×2.5＋2.5×1.5

答えは74ページ

約　分

正解
12個中

個／合格
10個

月　　　日

1　約分しましょう。

❶ $\dfrac{6}{12}$

❷ $\dfrac{45}{54}$

❸ $\dfrac{15}{15}$

❹ $\dfrac{27}{81}$

❺ $\dfrac{48}{64}$

❻ $\dfrac{4}{8}$

❼ $\dfrac{15}{24}$

❽ $\dfrac{30}{35}$

❾ $2\dfrac{27}{45}$

❿ $3\dfrac{4}{12}$

⓫ $1\dfrac{8}{16}$

⓬ $2\dfrac{6}{18}$

答えは74ページ ☞

通 分

1 （　）の中の分数を通分しましょう。

❶ $\left(\dfrac{3}{4}, \ \dfrac{1}{2} \right)$　　　　❷ $\left(\dfrac{3}{8}, \ \dfrac{1}{16} \right)$

分母を
そろえるよ。

❸ $\left(\dfrac{2}{3}, \ \dfrac{1}{4} \right)$　　　　❹ $\left(\dfrac{1}{3}, \ \dfrac{2}{5} \right)$

❺ $\left(\dfrac{4}{5}, \ \dfrac{1}{2} \right)$　　　　❻ $\left(\dfrac{5}{7}, \ \dfrac{2}{3} \right)$

❼ $\left(\dfrac{5}{8}, \ \dfrac{1}{12} \right)$　　　　❽ $\left(\dfrac{1}{6}, \ \dfrac{4}{9} \right)$

❾ $\left(\dfrac{1}{3}, \ \dfrac{4}{7}, \ \dfrac{4}{9} \right)$　　　❿ $\left(\dfrac{1}{6}, \ \dfrac{7}{10}, \ \dfrac{2}{15} \right)$

答えは74ページ☞

分数のたし算 ①

1 計算をしましょう。

① $\dfrac{1}{3} + \dfrac{1}{4}$

② $\dfrac{3}{4} + \dfrac{1}{5}$

③ $\dfrac{3}{8} + \dfrac{5}{12}$

④ $\dfrac{2}{9} + \dfrac{1}{6}$

⑤ $\dfrac{3}{10} + \dfrac{2}{15}$

⑥ $\dfrac{3}{5} + \dfrac{5}{9}$

⑦ $\dfrac{3}{4} + \dfrac{8}{9}$

⑧ $\dfrac{5}{6} + \dfrac{4}{9}$

⑨ $\dfrac{9}{10} + \dfrac{3}{4}$

⑩ $\dfrac{11}{12} + \dfrac{11}{14}$

答えは75ページ ☞

分数のたし算 ②

1 計算をしましょう。

① $\dfrac{2}{5} + \dfrac{4}{15}$

② $\dfrac{3}{7} + \dfrac{1}{14}$

③ $\dfrac{1}{6} + \dfrac{7}{18}$

④ $\dfrac{1}{3} + \dfrac{5}{12}$

⑤ $\dfrac{1}{6} + \dfrac{3}{10}$

⑥ $\dfrac{5}{7} + \dfrac{11}{14}$

⑦ $\dfrac{3}{5} + \dfrac{9}{10}$

⑧ $\dfrac{1}{2} + \dfrac{5}{6}$

⑨ $\dfrac{3}{4} + \dfrac{13}{20}$

⑩ $\dfrac{5}{6} + \dfrac{11}{14}$

答えは75ページ

分数のたし算 ③

1 計算をしましょう。

❶ $\dfrac{2}{3} + \dfrac{16}{9}$

❷ $\dfrac{11}{8} + \dfrac{5}{72}$

❸ $\dfrac{13}{4} + \dfrac{7}{12}$

❹ $\dfrac{4}{3} + \dfrac{12}{7}$

❺ $\dfrac{5}{4} + \dfrac{2}{13}$

❻ $\dfrac{1}{5} + \dfrac{13}{6}$

❼ $\dfrac{8}{21} + \dfrac{23}{14}$

❽ $\dfrac{17}{15} + \dfrac{3}{20}$

❾ $\dfrac{7}{6} + \dfrac{17}{16}$

❿ $\dfrac{13}{8} + \dfrac{1}{18}$

答えは75ページ ☞

分数のたし算 ④

1 計算をしましょう。

① $1\frac{13}{72} + 3\frac{1}{8}$

② $2\frac{7}{30} + \frac{5}{6}$

③ $2\frac{17}{20} + 1\frac{3}{4}$

④ $1\frac{2}{5} + 2\frac{1}{2}$

⑤ $\frac{2}{3} + 5\frac{8}{11}$

⑥ $2\frac{5}{17} + 2\frac{2}{5}$

⑦ $1\frac{2}{9} + 3\frac{1}{12}$

⑧ $2\frac{5}{14} + \frac{3}{10}$

⑨ $3\frac{9}{10} + 1\frac{5}{6}$

⑩ $4\frac{5}{6} + 2\frac{7}{22}$

答えは75ページ ☞

分数のひき算 ①

月　　日

正解
10個中

個／合格9個

1 計算をしましょう。

❶ $\dfrac{3}{4} - \dfrac{1}{3}$

❷ $\dfrac{5}{7} - \dfrac{3}{8}$

❸ $\dfrac{9}{11} - \dfrac{3}{7}$

❹ $\dfrac{8}{9} - \dfrac{1}{4}$

❺ $\dfrac{3}{4} - \dfrac{1}{6}$

❻ $\dfrac{7}{8} - \dfrac{3}{10}$

❼ $\dfrac{5}{8} - \dfrac{5}{12}$

❽ $\dfrac{7}{15} - \dfrac{5}{18}$

❾ $\dfrac{11}{12} - \dfrac{5}{16}$

❿ $\dfrac{13}{15} - \dfrac{3}{20}$

答えは75ページ ☞

分数のひき算 ②

月　日
正解
10個中
個／合格 **9個**

1 計算をしましょう。

① $\dfrac{1}{2} - \dfrac{1}{6}$

② $\dfrac{4}{5} - \dfrac{3}{10}$

③ $\dfrac{3}{4} - \dfrac{5}{8}$

④ $\dfrac{5}{6} - \dfrac{1}{3}$

⑤ $\dfrac{11}{12} - \dfrac{1}{6}$

⑥ $\dfrac{5}{7} - \dfrac{1}{21}$

⑦ $\dfrac{13}{14} - \dfrac{3}{7}$

⑧ $\dfrac{5}{6} - \dfrac{11}{18}$

⑨ $\dfrac{11}{15} - \dfrac{1}{3}$

⑩ $\dfrac{5}{4} - \dfrac{7}{12}$

分数のひき算 ③

1 計算をしましょう。

① $\dfrac{3}{2} - \dfrac{9}{10}$

② $\dfrac{7}{6} - \dfrac{1}{2}$

③ $\dfrac{13}{12} - \dfrac{3}{4}$

④ $\dfrac{10}{9} - \dfrac{4}{5}$

⑤ $\dfrac{3}{2} - \dfrac{5}{7}$

⑥ $\dfrac{16}{13} - \dfrac{5}{6}$

⑦ $\dfrac{23}{20} - \dfrac{5}{8}$

⑧ $\dfrac{15}{14} - \dfrac{3}{4}$

⑨ $\dfrac{13}{10} - \dfrac{11}{14}$

⑩ $\dfrac{27}{26} - \dfrac{1}{6}$

答えは76ページ ☞

分数のひき算 ④

月　　　日

正解
10個中

個／合格
9個

1 計算をしましょう。

❶ $1\dfrac{2}{3} - 1\dfrac{1}{18}$

❷ $1\dfrac{3}{7} - \dfrac{13}{14}$

❸ $2\dfrac{4}{21} - 1\dfrac{1}{3}$

❹ $1\dfrac{1}{5} - \dfrac{6}{7}$

❺ $3\dfrac{4}{9} - 2\dfrac{1}{2}$

❻ $2\dfrac{2}{19} - 1\dfrac{2}{3}$

❼ $1\dfrac{4}{15} - \dfrac{5}{6}$

❽ $1\dfrac{3}{20} - \dfrac{5}{8}$

❾ $2\dfrac{5}{24} - 1\dfrac{13}{16}$

❿ $1\dfrac{10}{51} - 1\dfrac{1}{34}$

答えは76ページ ☞

分数のたし算とひき算 ①

1 計算をしましょう。

❶ $\dfrac{1}{5} + \dfrac{9}{20} + \dfrac{1}{4}$

❷ $\dfrac{1}{2} + \dfrac{1}{6} + \dfrac{1}{3}$

❸ $\dfrac{2}{9} + \dfrac{1}{6} + \dfrac{7}{12}$

❹ $\dfrac{1}{8} + \dfrac{5}{6} + \dfrac{3}{4}$

❺ $\dfrac{3}{4} - \dfrac{1}{2} - \dfrac{1}{5}$

❻ $\dfrac{9}{10} - \dfrac{2}{5} - \dfrac{4}{15}$

❼ $\dfrac{2}{3} - \dfrac{1}{5} - \dfrac{1}{6}$

❽ $\dfrac{2}{3} - \dfrac{1}{4} - \dfrac{1}{6}$

答えは76ページ ☞

分数のたし算とひき算 ②

月　　日

正解
8個中

個／合格 7個

1 計算をしましょう。

① $\dfrac{3}{4} - \dfrac{5}{8} + \dfrac{1}{12}$

② $\dfrac{2}{3} - \dfrac{2}{5} + \dfrac{1}{2}$

③ $\dfrac{5}{8} - \dfrac{1}{3} + \dfrac{3}{4}$

④ $\dfrac{8}{9} - \dfrac{1}{4} + \dfrac{5}{6}$

⑤ $\dfrac{5}{6} + \dfrac{19}{24} - \dfrac{7}{8}$

⑥ $\dfrac{5}{7} + \dfrac{1}{2} - \dfrac{13}{14}$

⑦ $\dfrac{3}{8} - \dfrac{1}{6} + \dfrac{2}{3}$

⑧ $\dfrac{13}{15} - \dfrac{7}{20} + \dfrac{9}{10}$

答えは76ページ ☞

分数のたし算とひき算 ③

1 計算をしましょう。

① $\dfrac{2}{3} + \dfrac{7}{6} + \dfrac{3}{5}$

② $\dfrac{2}{9} + \dfrac{5}{4} + \dfrac{2}{3}$

③ $\dfrac{3}{4} + 1\dfrac{5}{7} + 1\dfrac{3}{14}$

④ $\dfrac{1}{6} + 1\dfrac{3}{4} + \dfrac{4}{5}$

⑤ $\dfrac{17}{6} - \dfrac{3}{4} - \dfrac{5}{3}$

⑥ $\dfrac{5}{3} - \dfrac{3}{4} - \dfrac{1}{18}$

⑦ $2\dfrac{5}{12} - 1\dfrac{4}{9} - \dfrac{5}{6}$

⑧ $1\dfrac{3}{10} - \dfrac{4}{5} - \dfrac{7}{15}$

答えは76ページ ☞

1 計算をしましょう。

① $\dfrac{7}{5} + \dfrac{3}{4} - \dfrac{3}{2}$

② $\dfrac{5}{4} - \dfrac{4}{5} + \dfrac{5}{6}$

③ $\dfrac{7}{15} + \dfrac{23}{20} - \dfrac{7}{10}$

④ $\dfrac{7}{6} - \dfrac{2}{3} + \dfrac{3}{4}$

⑤ $1\dfrac{1}{30} + 2\dfrac{1}{6} - 1\dfrac{1}{7}$

⑥ $1\dfrac{1}{2} + \dfrac{5}{6} - 1\dfrac{1}{3}$

⑦ $1\dfrac{1}{3} + \dfrac{11}{12} - \dfrac{7}{8}$

⑧ $1\dfrac{11}{14} + 1\dfrac{7}{18} - 1\dfrac{8}{9}$

答えは76ページ

まとめテスト ⑦

1 計算をしましょう。

① $\dfrac{3}{4} + \dfrac{1}{10}$

② $\dfrac{2}{5} + \dfrac{5}{6}$

③ $\dfrac{17}{24} + \dfrac{11}{8}$

④ $2\dfrac{34}{63} + 1\dfrac{5}{21}$

⑤ $\dfrac{17}{18} - \dfrac{25}{27}$

⑥ $\dfrac{9}{11} - \dfrac{1}{3}$

⑦ $\dfrac{29}{14} - \dfrac{11}{42}$

⑧ $1\dfrac{7}{15} - \dfrac{41}{45}$

⑨ $\dfrac{8}{7} - \dfrac{2}{3} + \dfrac{7}{6}$

⑩ $1\dfrac{3}{5} + 1\dfrac{1}{2} - \dfrac{2}{7}$

答えは76ページ☞

まとめテスト ⑧

1 計算をしましょう。

① $\dfrac{7}{10} + \dfrac{9}{14}$

② $\dfrac{2}{7} + \dfrac{1}{13}$

③ $\dfrac{16}{13} + \dfrac{27}{52}$

④ $2\dfrac{37}{60} + \dfrac{7}{15}$

⑤ $\dfrac{7}{16} - \dfrac{3}{20}$

⑥ $\dfrac{7}{9} - \dfrac{5}{8}$

⑦ $\dfrac{37}{24} - \dfrac{9}{16}$

⑧ $1\dfrac{2}{27} - \dfrac{31}{54}$

⑨ $\dfrac{5}{2} - \dfrac{4}{3} + \dfrac{10}{9}$

⑩ $1\dfrac{3}{8} + 2\dfrac{1}{3} - 2\dfrac{1}{4}$

答えは77ページ ☞

体積の計算 ①

1 次の立体の体積を求めましょう。

❶ １辺３cmの立方体

❷ 直方体

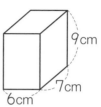

9cm

7cm

6cm

[　　　　]　　　　[　　　　]

❸ 直方体

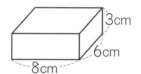

3cm

6cm

8cm

❹ 立方体

4cm

[　　　　]　　　　[　　　　]

2 次の展開図を組み立ててできる直方体の体積を求めましょう。

❶

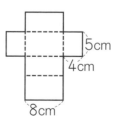

5cm

4cm

8cm

❷

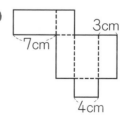

3cm

7cm

4cm

[　　　　]　　　　[　　　　]

答えは77ページ ☞

体積の計算 ②

1 次の立体は直方体を組み合わせたものです。体積を求めましょう。

 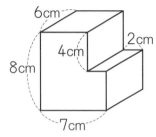

6cm
4cm
2cm
8cm
7cm

 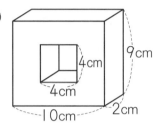

9cm
4cm
4cm
2cm
10cm

[　　　　　] 　　[　　　　　]

 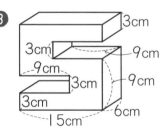

3cm
3cm
9cm
9cm
3cm
9cm
3cm
6cm
15cm

 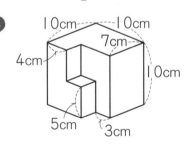

10cm
10cm
7cm
4cm
10cm
5cm
3cm

[　　　　　] 　　[　　　　　]

答えは77ページ ☞

体積の計算 ③

1 ◻️にあてはまる数を書きましょう。

❶ $1\,cm^3=$ ◻️ mL

❷ $2\,m^3=$ ◻️ cm^3

❸ $3\,L=$ ◻️ cm^3

❹ $5000\,L=$ ◻️ m^3

❺ $77100\,cm^3=$ ◻️ L

❻ $4.3\,m^3=$ ◻️ L

2 厚さ1cmの板を使って直方体の形の容器をつくりました。容積は何Lか求めましょう。

❶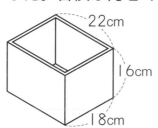
22cm
16cm
18cm

❷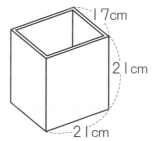
17cm
21cm
21cm

[　　　　　]　　[　　　　　]

答えは77ページ ☞

体積の計算 ④

1 □にあてはまる数を求めましょう。

❶ 体積 120 cm³ の直方体

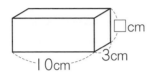

□cm
3cm
10cm

[　　　　　]

❷ 体積 84 cm³ の直方体

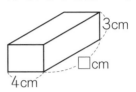

3cm
□cm
4cm

[　　　　　]

❸ 体積 144 cm³ の直方体

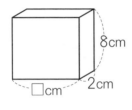

8cm
□cm
2cm

[　　　　　]

❹ 体積 216 cm³ の立方体

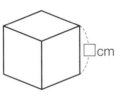

□cm

[　　　　　]

2 直方体の形の容器に 420 cm³ の水を入れました。□にあてはまる数を求めましょう。ただし，容器の厚さは考えません。

❶

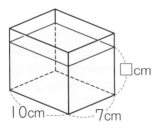

□cm
10cm　7cm

[　　　　　]

❷

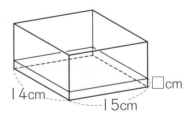

14cm
15cm
□cm

[　　　　　]

答えは77ページ ☞

角度の計算 ①

1 次の図で，アの角度をそれぞれ求めましょう。ただし，
❹〜❻の同じ印のついた辺はそれぞれ同じ長さです。

❶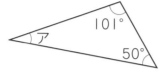

❷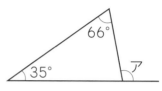

[　　　　]　　　　　　　　[　　　　]

❸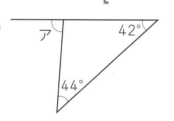

❹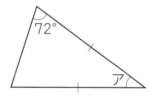

[　　　　]　　　　　　　　[　　　　]

❺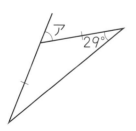

❻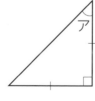

[　　　　]　　　　　　　　[　　　　]

答えは77ページ ☞

角度の計算 ②

1 右の図で，ア，イの角度を求めましょう。

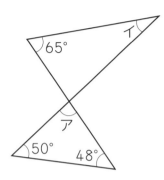

ア [　　　　]，イ [　　　　　]

2 右の図で，同じ印のついた辺は同じ長さです。ア，イの角度を求めましょう。

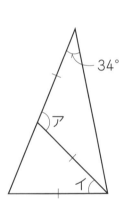

ア [　　　　]，イ [　　　　]

3 右の図で，AD＝BD＝CDです。ア，イの角度を求めましょう。

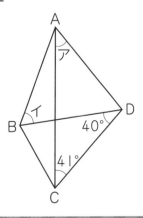

三角形を見つけよう。

ア [　　　　]，イ [　　　　]

答えは78ページ☞

角度の計算 ③

1 次の図で，アの角度をそれぞれ求めましょう。

①

108°　ア
81°
76°

②

ア　86°
121°
72°

[　　　　]　　　　　[　　　　]

③
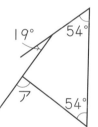
19°
54°
ア
54°

④

ア
79°　　79°

[　　　　]　　　　　[　　　　]

⑤ 平行四辺形
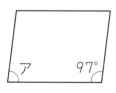
ア　　97°

⑥ ひし形
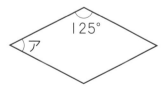
125°
ア

[　　　　]　　　　　[　　　　]

角度の計算 ④

1 右の図で，四角形ＡＢＣＤは正方形
です。ア，イの角度を求めましょう。

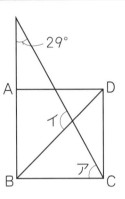

ア [　　　　]，イ [　　　　　]

2 右の図で，同じ印のついた辺は同じ長
さです。ア，イの角度を求めましょう。

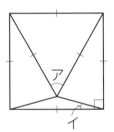

ア [　　　　]，イ [　　　　　]

3 次の図で，印のついた角の大きさの和を求めましょう。

❶

❷

[　　　　]　　　　　　[　　　　]

まとめテスト ⑨

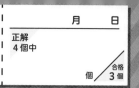
1 次の立体は直方体を組み合わせたものです。体積を求めて，（　）の中の単位で答えましょう。

① 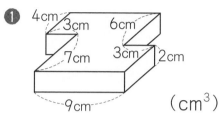（cm³）

② 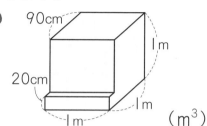（m³）

[　　　　　　] 　　　 [　　　　　　]

2 厚さ2cmの板を使って直方体の形の容器をつくりました。容積は何Lか求めましょう。

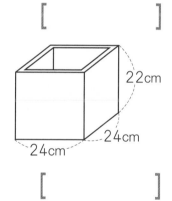

[　　　　　　]

3 直方体の形の容器に水を入れました。□にあてはまる数を求めましょう。ただし，容器の厚さは考えません。

9.6Lの水

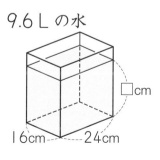

[　　　　　　]

答えは78ページ ☞

まとめテスト ⑩

1 次の図で，アの角度をそれぞれ求めましょう。ただし，
❸，❹の同じ印のついた辺はそれぞれ同じ長さです。

❶
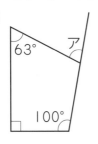

❷
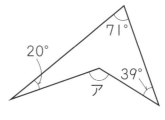

[　　　　　]　　　　　[　　　　　]

❸
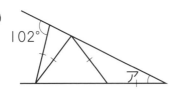

❹
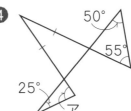

[　　　　　]　　　　　[　　　　　]

2 右の図のように長方形を折り返しま
した。ア，イの角度を求めましょう。

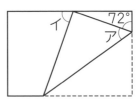

ア [　　　　　]，イ [　　　　　]

答えは79ページ ☞

面積の計算 ①

1 次の平行四辺形の面積を求めましょう。

❶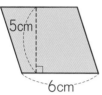
5cm
6cm

❷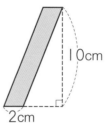
10cm
2cm

[　　　　　]　　　[　　　　　]

❸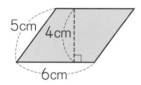
5cm　4cm
6cm

❹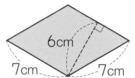
6cm
7cm　7cm

[　　　　　]　　　[　　　　　]

2 次の図で，色のついた部分の面積を求めましょう。

❶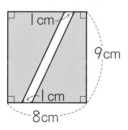
1cm
9cm
1cm
8cm

❷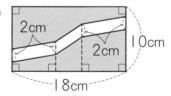
2cm
2cm
10cm
18cm

[　　　　　]　　　[　　　　　]

答えは79ページ ☞

1 次の図形の面積を求めましょう。

❶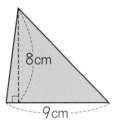

[　　　　] 　　　　 ❷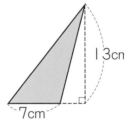

[　　　　]

❸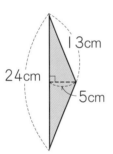

[　　　　] 　　　　 ❹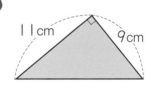

[　　　　]

2 次の図で，色のついた部分の面積を求めましょう。

❶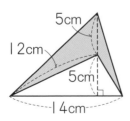

[　　　　] 　　　　 ❷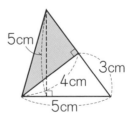

[　　　　]

答えは79ページ

面積の計算 ③

1 次の図形の面積を求めましょう。

❶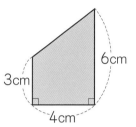

❷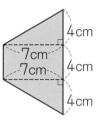

[　　　　]　　　　[　　　　]

❸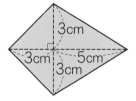

❹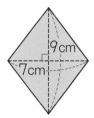

[　　　　]　　　　[　　　　]

2 次の図で，色のついた部分の面積を求めましょう。

❶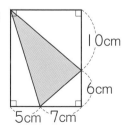

❷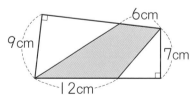

[　　　　]　　　　[　　　　]

答えは79ページ ☞

面積の計算 ④

1 次の図形の面積を求めましょう。

❶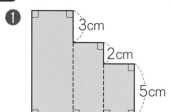

❷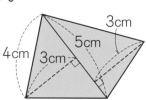

[　　　　　　]　　　　[　　　　　　]

❸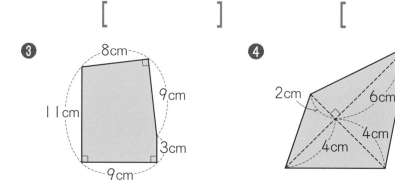

❹

図形を
分けよう。

[　　　　　　]　　　　[　　　　　　]

答えは80ページ ☞

円周の計算 ①

1 次の図で, 色のついた部分のまわりの長さを求めましょう。

❶

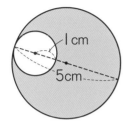

1 cm

5cm

❷

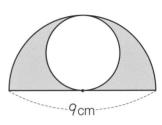

9cm

[　　　　　　　]　　　[　　　　　　　]

❸

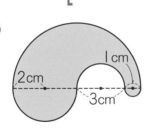

2cm

1 cm

3cm

❹

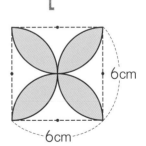

6cm

6cm

[　　　　　　　]　　　[　　　　　　　]

答えは80ページ ☞

円周の計算 ②

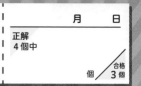
1 次の図で, 色のついた部分のまわりの長さを求めましょう。

❶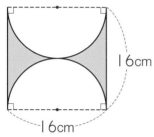

16cm

16cm

❷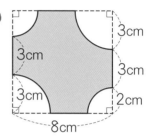

3cm

3cm

3cm

3cm

2cm

8cm

[　　　　　　]　　　[　　　　　　]

❸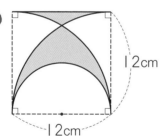

12cm

12cm

❹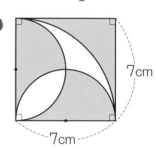

7cm

7cm

[　　　　　　]　　　[　　　　　　]

まとめテスト ⑪

1 次の図で，色のついた部分の面積を求めましょう。

❶
5cm　3cm　2cm
5cm
3cm　　7cm

❷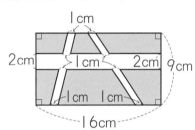

[　　　　　　] 　　　[　　　　　　]

2 次の図形のまわりの長さを求めましょう。

❶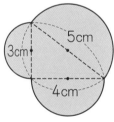

❷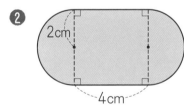

[　　　　　　] 　　　[　　　　　　]

答えは80ページ ☞

まとめテスト ⑫

1 次の図で，色のついた部分の面積を求めましょう。

❶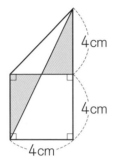

❷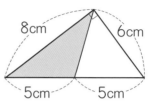

[　　　　　　　]　　　[　　　　　　　]

2 次の図で，色のついた部分のまわりの長さを求めましょう。

❶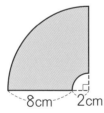

❷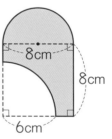

[　　　　　　　]　　　[　　　　　　　]

① 小数のかけ算 ①　　　1ページ

1 ❶ 1.6　❷ 21

≫考え方 整数×整数 として計算してから
10や100でわります。
❶ 2×0.8＝2×(0.8×10)÷10
＝2×8÷10＝16÷10＝1.6
❷ 700×0.03
＝700×(0.03×100)÷100
＝700×3÷100＝2100÷100＝21

2 ❶ 6.5　❷ 25.2

❸ 3.85　❹ 1.74

❺ 1.84　❻ 80.5

❼ 110.4　❽ 9.72

❾ 3.795

≫考え方 整数×整数 の筆算として計算し
てから答えに小数点をうちます。

```
❶   13        ❸     55       ❾      759
   ×0.5          ×0.07          ×0.005
    6.5           3.85           3.795
```

② 小数のかけ算 ②　　　2ページ

1 ❶ 84　❷ 61.2

❸ 1.15　❹ 31.2

❺ 448.8　❻ 316.8

❼ 135.75　❽ 27.348

❾ 39.16

≫考え方

```
❻    720          ❾      22
    ×0.44              ×1.78
     2880                176
    2880                 154
   316.80                22
                        39.16
```

③ 小数のかけ算 ③　　　3ページ

1 ❶ 0.36　❷ 0.4

≫考え方 整数×整数 として計算してから
10や100でわります。
❶ 0.6×0.6
＝(0.6×10)×(0.6×10)÷100
＝6×6÷100＝0.36
❷ 0.5×0.8
＝5×8÷100＝0.4

2 ❶ 0.78　❷ 0.51

❸ 1.75　❹ 1.82

❺ 7.53　❻ 68.96

❼ 26.88　❽ 34.83

❾ 12.6

≫考え方 小数どうしのかけ算の筆算では答
えの小数点の位置に注意します。
❶小数点以下のけた数が，3.9
は1けた,0.2も1けたなので，
答えの小数点以下のけた数は
1+1＝2(けた)になります。

```
    3.9
   ×0.2
    0.78
```

④ 小数のかけ算 ④　　　4ページ

1 ❶ 2.65　❷ 3.08

❸ 4.68　❹ 7.77

❺ 8.1　❻ 10.27

❼ 14.28　❽ 53.95

❾ 22.96

≫考え方

```
❶    0.5       ❸    0.6       ❽     6.5
    ×5.3           ×7.8            ×8.3
      15            48             195
     25             42             520
    2.65           4.68           53.95
```

⑤ 小数のかけ算 ⑤　　5ページ

1
- ❶ 413.44　❷ 186.39
- ❸ 104.43　❹ 429.6
- ❺ 77.44　❻ 39.76
- ❼ 651　❽ 1005.75
- ❾ 4089.69

≫考え方 ❺
```
      48.4
   ×   1.6
     2904
     484
    77.44
```
❾
```
      45.9
   × 89.1
      459
     4131
    3672
   4089.69
```

⑥ 小数のかけ算 ⑥　　6ページ

1
- ❶ 0.328　❷ 0.679
- ❸ 0.426　❹ 0.465
- ❺ 0.136　❻ 0.152
- ❼ 4.512　❽ 1.804
- ❾ 4.116

≫考え方 ❶小数点以下のけた数が，0.82 は 2 けた，0.4 は 1 けたなので，答えの小数点以下のけた数は 2+1=3（けた）になります。
```
     0.82
   ×  0.4
    0.328
```

⑦ 小数のかけ算 ⑦　　7ページ

1
- ❶ 0.249　❷ 0.39
- ❸ 0.128　❹ 3.045
- ❺ 2.175　❻ 7.857
- ❼ 3.51　❽ 0.876
- ❾ 1.334

≫考え方 ❷
```
     0.05
   ×  7.8
      40
      35
    0.390
```
❼
```
      5.4
   × 0.65
      270
      324
    3.510
```

⑧ 小数のかけ算 ⑧　　8ページ

1
- ❶ 5.889　❷ 55.608
- ❸ 19.028　❹ 41.526
- ❺ 15.708　❻ 38.502
- ❼ 65.533　❽ 38.657
- ❾ 56.5122

≫考え方 答えの見当をつけておくと，まちがいをしにくくなります。

❶かける数 0.39 は 1 より小さいので，答えはかけられる数 15.1 より小さくなると予想できます。

❺整数部分だけ計算すると 3×4=12 なので，例えば，157.08 などは答えとして大きすぎると気づきます。

⑨ 小数のかけ算の虫食い算 ①　9ページ

1
- ❶ ア 5, イ 7, ウ 5, エ 7, オ 5, カ 1, キ 5
- ❷ ア 1, イ 3, ウ 6, エ 5, オ 4, カ 7, キ 0, ク 2
- ❸ ア 7, イ 4, ウ 9, エ 8, オ 8, カ 4, キ 4, ク 4

≫考え方 ❶ くり上がりがないので，
2+オ=7 より，オ=5
2+エ=9 より，エ=7
2ア×イ=175 より，ア=5，イ=7
❷54×イ=1ウ2 より，イ=3，ウ=6
54×ア が 2 けたなので，
ア=1，エ=5，オ=4
❸14×6=8イ=オカ より，
イ=4，オ=8，カ=4
8+エ の一の位が 6 より，エ=8
14×ア=ウ8 より，アは 2 か 7 です。
ア=2 のとき，1+ウ+4 がくり上がらないので，ア=7

⑩ 小数のかけ算の虫食い算 ② 10ページ

1 ❶ ア0，イ3，ウ7，エ7，オ6，
カ5，キ1，ク7，ケ1

❷ ア9，イ7，ウ2，エ9，オ7，
カ9，キ7

❸ ア1，イ6，ウ4，エ3，オ4，
カ6，キ4，ク8

》考え方 ❶ 答えが651になるかけ算は，
651×1，217×3，93×7，31×21
よって，ア0，イ3，エ7
5+キ=6 より，キ=1
3×ウ の一の位が1より，ウ=7
❷かける数が0.ウ1 より，
ア=エ，イ=オ=キ となります。
エ+4 の一の位が3より，エ=9
よって，ア=9
1+カ の一の位が0より，カ=9
9イ×ウ=194 より，ウ=2，イ=7
❸オ+キ は，一の位が8より，8か18
です。ここでもし，オ+キ=18 で1くり
上がったとしても，クのけたへのくり上が
りはありません。
（カ=9 のとき 1+カ+0=10 となり1
くり上がりますが，一の位が6ではなく
なってしまいます。）
よって，ク=8 です。
アイ×5=80 より，ア=1，イ=6
16×エ=オ8 より，エ=3，オ=4
4+キ=8 より，キ=4
くり上がりはないので，
カ+0=6 より，カ=6
16×ウ=64 より，ウ=4

⑪ まとめテスト ① 11ページ

1 ❶ 1.71 ❷ 27.59
❸ 0.0616 ❹ 0.416
❺ 22.854 ❻ 14.432

2 ア0，イ3，ウ2，エ6，
オ9，カ2，キ2，ク8

》考え方 カ=2 です。
オ+8 の一の位が7より，オ=9
1+1+ク の一の位が0より，ク=8
キ+1=3 より，キ=2
アイウ×9=288 より，
ア=0，イ=3，ウ=2
32×エ=192 より，エ=6

⑫ まとめテスト ② 12ページ

1 ❶ 7.28 ❷ 5.364
❸ 3.286 ❹ 30.34
❺ 0.4144 ❻ 41.334

2 ア4，イ5，ウ7，エ1，オ8，
カ2，キ5，ク6，ケ8

》考え方 ケ=8，ア=4，ウ=7 です。
カ+7 の一の位が9より，カ=2
4×7=28 なので，4×イ の一の位は0
より，イ=0 か5です。
イ=0 とすると，エ=1，オ=6 なので，
オ+キ=6+0=6 で3にはなりません。
よって，イ=5

⑬ 小数のわり算 ① 13ページ

1 ❶ 40 ❷ 9000

》考え方 わる数とわられる数の両方に10
や100をかけて整数÷整数 として計算
します。
❶16÷0.4
=(16×10)÷(0.4×10)=160÷4=40
❷810÷0.09
=(810×100)÷(0.09×100)
=81000÷9=9000

② ❶5　❷4　❸8　❹4
　　❺5　❻170　❼125
　　❽160　❾135

>>考え方 わる数が整数になるように，小数点を右に移します。わられる数も，同じだけ小数点が右に移ります。

```
❶      5      ❼      125      ❾      135
  0.6)30        0.4)500         0.6)810
      30             4               6
       0            10              21
                     8              18
                    20              30
                    20              30
                     0               0
```

⑭ **小数のわり算②**　　14ページ

1 ❶30　❷25　❸18
　　❹4　❺25　❻175
　　❼52　❽3400　❾2292

⑮ **小数のわり算③**　　15ページ

1 ❶4　❷80

>>考え方 わる数とわられる数の両方に10や100をかけて整数÷整数 として計算します。
❶3.6÷0.9
=(36×10)÷(0.9×10)=36÷9=4
❷6.4÷0.08
=(6.4×100)÷(0.08×100)=640÷8=80

2 ❶4　❷6　❸5
　　❹32　❺11　❻55
　　❼4.6　❽2.3　❾1.6

>>考え方
```
❸        5        ❼        4.6
  0.19)0.95         1.3)5.98
       95              52
        0              78
                       78
                        0
```

⑯ **小数のわり算④**　　16ページ

1 ❶1.4　❷7.5　❸9.5
　　❹3.6　❺1.6　❻11.6
　　❼14.5　❽32.5　❾2.25

>>考え方
```
❻       11.6      ❾       2.25
  0.75)8.70         24)54
       75              48
      120              60
       75              48
      450             120
      450             120
        0               0
```

⑰ **小数のわり算⑤**　　17ページ

1 ❶0.4　❷0.4　❸0.4
　　❹0.7　❺0.6　❻0.09
　　❼0.39　❽0.18　❾0.15

>>考え方
```
❶       0.4       ❼       0.39
  2.3)0.92          2.3)0.897
      92                69
       0               207
                       207
                         0
```

⑱ **小数のわり算⑥**　　18ページ

1 ❶0.8　❷0.24　❸0.45
　　❹0.15　❺0.35　❻0.024
　　❼0.16　❽0.205
　　❾0.675

>>考え方
```
❹       0.15      ❾       0.675
  1.06)0.159        11.6)7.83
       106              696
       530              870
       530              812
         0              580
                        580
                          0
```

❶ ●9余り0.3　●5余り0.9
●5余り0.7　●8余り0.12
●18余り0.2
●10余り0.4
●57余り0.09
●2余り1.55
●3余り1.72

>>>考え方 余りの小数点は，わられる数のもとの小数点にそろえてうちます。

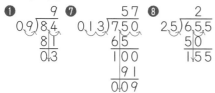

❶ ●0.2余り0.05
●0.3余り0.09
●1.3余り0.01
●2.6余り0.15
●1.3余り0.21
●5.8余り0.12
●3.6余り0.24
●2.3余り0.27
●16.1余り0.018

>>>考え方
```
❺        1.3
    6.3)8 4.0
        6 3
        2 1 0
        1 8 9
        0 2 1
```
```
❾          1 6.1
    0.2 2)3 5 6.0
          2 2
          1 3 6
          1 3 2
              4 0
              2 2
          0 0 1 8
```

❶ ●2　●4
●18　●1
●11　●14

>>>考え方 商を $\frac{1}{10}$ の位まで計算して四捨五入します。

```
❸       1 8.2
   0.5)9.1
       5
       4 1
       4 0
         1 0
         1 0
          0
```
```
❻           4
         1 3.5
   3 9)5 2 8
        3 9
      1 3 8
      1 1 7
        2 1 0
        1 9 5
          1 5
```

❷ ●0.2　●4.9
●1.5

>>>考え方 商を $\frac{1}{100}$ の位まで計算して四捨五入します。

❶ ●130　●170
●21　●1.4
●31　●1.4
●0.42　●1.2
●17

>>>考え方 商を上から3けた目まで計算して四捨五入します。

```
❶        1 2 5
             3 0
   0.6)7 5.2
       6
       1 5
       1 2
         3 2
         3 0
          2
```
```
❽           1.2 3
   2 5)3 0.9
        2 5
        5 9
        5 0
          9 0
          7 5
          1 5
```

㉓ **まとめテスト ③** 23 ページ

1 ❶ 0.15 ❷ 1.98 ❸ 12.2

2 ❶ 0.4 余り 0.04

❷ 0.8 余り 0.14

❸ 1.2 余り 0.06

❹ 8.7 余り 0.005

❺ 3.8 余り 0.07

❻ 57.3 余り 0.009

㉔ **まとめテスト ④** 24 ページ

1 ❶ 0.5 ❷ 0.2 ❸ 0.1

❹ 0.9 ❺ 3.1 ❻ 1.9

2 ❶ 29 ❷ 66 ❸ 0.91

㉕ **小数の計算 ①** 25 ページ

1 ❶ 5.5 ❷ 1.62 ❸ 4

❹ 64 ❺ 9.27 ❻ 35.7

»考え方 交かんのきまりを使うと計算しや
すくなる問題です。
❶ 2.8+0.5+2.2
=2.8+2.2+0.5=5+0.5=5.5
❻ 1.4×5.1×5
=1.4×5×5.1=7×5.1=35.7

2 ❶ 18.5 ❷ 0.77 ❸ 5

❹ 5.4 ❺ 0.8 ❻ 0.31

»考え方 結合のきまりを使うと計算しやす
くなる問題です。
❸ 4.1+0.81+0.09
=4.1+0.9=5
または，交かんのきまりを使って，
4.1+0.81+0.09
=0.09+0.81+4.1=0.9+4.1=5
❻ 3.1×0.05×2=3.1×0.1=0.31

㉖ **小数の計算 ②** 26 ページ

1 ❶ 12.17 ❷ 13.61 ❸ 11.3

❹ 9.23 ❺ 13 ❻ 20

»考え方 ❺ 交かんのきまりと結合のきま
りを使います。
0.47+5.6+2.53+4.4
=4.4+5.6+2.53+0.47
=10+2.53+0.47
=10+3=13
または，0.47+5.6+2.53+4.4
=0.47+2.53+5.6+4.4
=3+5.6+4.4=3+10=13

2 ❶ 5.4 ❷ 18.9 ❸ 18.8

❹ 4.2 ❺ 21.9 ❻ 0.7

»考え方 ❸ 8×9.4×0.25
=8×0.25×9.4=2×9.4=18.8
❻ 2.8×0.25=0.7×4×0.25
=0.7×1=0.7

㉗ **小数の計算 ③** 27 ページ

1 ❶ ア 0.25, イ 15, ウ 4,
エ 60, オ 1, カ 61

❷ ア 0.2, イ 5, ウ 100,
エ 500, オ 1, カ 499

»考え方 分配のきまりを使います。
(■＋●)×▲＝■×▲＋●×▲
■×(●＋▲)＝■×●＋■×▲
(■－●)×▲＝■×▲－●×▲
■×(●－▲)＝■×●－■×▲

2 ❶ 2.25 ❷ 21 ❸ 260

❹ 11 ❺ 44.44 ❻ 12.87

❼ 637 ❽ 9.75

»考え方 ❶ 0.125×18=0.125×(10+8)
=0.125×10+0.125×8
=1.25+1=2.25

❷ 4×5.25=4×(5+0.25)
=4×5+4×0.25
=20+1=21
❸ 104×5×0.5=104×2.5
=(100+4)×2.5
=250+10=260
❹ 8.8×1.25
=(8+0.8)×1.25=10+1=11
または，8.8×1.25=1.1×8×1.25=11
❺ 10.1×4.4
=(10+0.1)×4.4=44.44
❻ 13×0.99
=13×(1−0.01)=12.87

㉘ 小数の計算 ④　　28ページ

1 ❶ ア 5.7，イ 3.7，ウ 3.14，
　　 エ 2，オ 6.28
　　❷ ア 5，イ 0.78，ウ 0.22，
　　 エ 1，オ 5

2 ❶ 0.7 ❷ 10 ❸ 1 ❹ 1.23
　　❺ 90 ❻ 17 ❼ 10 ❽ 31.4

≫考え方 ❶ 2.3×0.35−0.3×0.35
=(2.3−0.3)×0.35=2×0.35=0.7
❷ 1.25×9.26−1.25×1.26
=1.25×(9.26−1.26)=1.25×8=10
❹ 2×3.69=2×3×1.23=6×1.23 です。
2×3.69−5×1.23=(6−5)×1.23=1.23
❽ 6.28×3+31.4×0.4
=3.14×6+3.14×4=3.14×10=31.4

㉙ 小数のわり算の虫食い算 ①　29ページ

1 ❶ ア 4，イ 3，ウ 9，エ 3，オ 5，
　　 カ 1，キ 0，ク 1，ケ 4，コ 0
　　❷ ア 7，イ 5，ウ 3，エ 4，オ 5，
　　 カ 3，キ 4，ク 2，ケ 5，コ 1，
　　 サ 7，シ 0，ス 1，セ 7，ソ 0

≫考え方 ❶ キ＝コ＝0 です。
イ5×1＝エオ より，オ＝5
ウ−5＝4 より，ウ＝9
答えに 1 がたっていて，カに数が入るので，
エは 2 か 3 です。
エ＝2 のとき，イ＝2，カ＝ク＝2 となり
ますが，25×ア＝240 となる整数ア は
ありません。
よって，エ＝イ＝3
❷シ＝ソ＝0 です。
9−キ＝5 より，キ＝エ＝4
ク5ケ−238 が 2 けたなので，ク＝2
59−カ4＝25 より，カ＝ウ＝3
34×ア＝238 より，ア＝7
34×イ の一の位が 0 より，イ＝5
34×5＝170 より，ス＝コ＝1，セ＝サ＝7
ケ−8 の一の位が 7 より，ケ＝オ＝5

㉚ 小数のわり算の虫食い算 ②　30ページ

1 ❶ ア 8，イ 7，ウ 9，エ 9，オ 5，
　　 カ 1，キ 4，ク 0，ケ 1，コ 3
　　❷ ア 0，イ 1，ウ 5，エ 7，オ 4，
　　 カ 0，キ 8，ク 5，ケ 2，コ 3，
　　 サ 1，シ 2，ス 2，セ 7，ソ 3，
　　 タ 7，チ 8

≫考え方 ❶ ク＝0 です。
16×5＝80，17×5＝85 より，イは 6
か 7 です。
イ＝6 とします。16×ア の一の位が 6
より，ア＝6 となりますが，このとき
16×ア は 3 けたになりません。
よって，イ＝7，ア＝8
❷5オ×ア（カの下）に数がないので，
ア＝カ＝0 です。
5オ×イ＝54 より，オ＝4，イ＝1
420−ソタチ＝42 より，ソ＝3，タ＝7，チ＝8
54×エ＝378 より，エ＝7
54×ウ の一の位が 0 より，ウ＝5

答え　　　　73

㉛ まとめテスト ⑤　31ページ

１ ア2，イ4，ウ8，エ7，オ2，
カ4，キ8，ク1，ケ2，コ1，
サ2，シ0

≫考え方 シ＝0 より，イは 2，4，6，8 のどれかです。
アイ×3＋6 は，70 から 79 の間の数なので，アイ×3＝エオ は 64 から 73 の間の数になります。
これより，アは 2，イは 2 か 4 になります。
イ＝2 とすると，22×3＝エオ より，
エ＝6，オ＝6 なので，ウ＝2
カキ＝44，コサシ＝110 ですが，
クケ0＝160 になるのでちがいます。
よって，イ＝4

２ ❶11　❷0.8　❸0.9
❹8.484　❺4.9　❻8.1

≫考え方 ❷6.4×0.125
＝0.8×8×0.125＝0.8×1＝0.8
❹8.4×1.01＝8.4×(1＋0.01)
＝8.4＋0.084＝8.484
❺6.7×0.49＋3.3×0.49
＝(6.7＋3.3)×0.49＝4.9
❻0.81×8＋0.09×18
＝0.81×8＋0.81×2＝0.81×(8＋2)＝8.1

㉜ まとめテスト ⑥　32ページ

１ ア2，イ7，ウ6，エ3，オ8，
カ5，キ8，ク2，ケ2，コ1，
サ7，シ2，ス1，セ1，ソ8，
タ6

≫考え方 わる数の上から 2 けたは 23 より大きくならなければいけないので，エは 2 よりも大きい数です。
これとア×エ＝6 より，ア＝2，エ＝3
0－タ の一の位が 4 なので，タ＝ウ＝6

２ ❶15　❷1　❸10.08
❹99.75　❺1.66　❻10

≫考え方 ❸8×1.26
＝8×(1.25＋0.01)＝10.08
❹3.99×25＝(4－0.01)×25＝99.75
❻2.5×2.5＋2.5×1.5＝2.5×4＝10

㉝ 約　分　33ページ

１ ❶$\frac{1}{2}$　❷$\frac{5}{6}$　❸1　❹$\frac{1}{3}$
❺$\frac{3}{4}$　❻$\frac{1}{2}$　❼$\frac{5}{8}$　❽$\frac{6}{7}$
❾$2\frac{3}{5}$　❿$3\frac{1}{3}$
⓫$1\frac{1}{2}$　⓬$2\frac{1}{3}$

≫考え方 分母と分子の最大公約数で，分母と分子をそれぞれわります。

㉞ 通　分　34ページ

１ ❶$\left(\frac{3}{4}, \frac{2}{4}\right)$　❷$\left(\frac{6}{16}, \frac{1}{16}\right)$
❸$\left(\frac{8}{12}, \frac{3}{12}\right)$　❹$\left(\frac{5}{15}, \frac{6}{15}\right)$
❺$\left(\frac{8}{10}, \frac{5}{10}\right)$　❻$\left(\frac{15}{21}, \frac{14}{21}\right)$
❼$\left(\frac{15}{24}, \frac{2}{24}\right)$　❽$\left(\frac{3}{18}, \frac{8}{18}\right)$
❾$\left(\frac{21}{63}, \frac{36}{63}, \frac{28}{63}\right)$
❿$\left(\frac{5}{30}, \frac{21}{30}, \frac{4}{30}\right)$

㉟ 分数のたし算 ①　35 ページ

1 ❶ $\dfrac{7}{12}$ ❷ $\dfrac{19}{20}$ ❸ $\dfrac{19}{24}$ ❹ $\dfrac{7}{18}$

❺ $\dfrac{13}{30}$ ❻ $\dfrac{52}{45}\left(1\dfrac{7}{45}\right)$

❼ $\dfrac{59}{36}\left(1\dfrac{23}{36}\right)$ ❽ $\dfrac{23}{18}\left(1\dfrac{5}{18}\right)$

❾ $\dfrac{33}{20}\left(1\dfrac{13}{20}\right)$ ❿ $\dfrac{143}{84}\left(1\dfrac{59}{84}\right)$

》》考え方 通分して分母をそろえてから分子どうしを計算します。答えが仮分数になったときは，帯分数になおすと大きさがわかりやすくなります。

㊱ 分数のたし算 ②　36 ページ

1 ❶ $\dfrac{2}{3}$ ❷ $\dfrac{1}{2}$ ❸ $\dfrac{5}{9}$ ❹ $\dfrac{3}{4}$

❺ $\dfrac{7}{15}$ ❻ $\dfrac{3}{2}\left(1\dfrac{1}{2}\right)$

❼ $\dfrac{3}{2}\left(1\dfrac{1}{2}\right)$ ❽ $\dfrac{4}{3}\left(1\dfrac{1}{3}\right)$

❾ $\dfrac{7}{5}\left(1\dfrac{2}{5}\right)$ ❿ $\dfrac{34}{21}\left(1\dfrac{13}{21}\right)$

》》考え方 計算をして答えが分数になったときは，約分ができないか最後に必ず確認しましょう。

㊲ 分数のたし算 ③　37 ページ

1 ❶ $\dfrac{22}{9}\left(2\dfrac{4}{9}\right)$ ❷ $\dfrac{13}{9}\left(1\dfrac{4}{9}\right)$

❸ $\dfrac{23}{6}\left(3\dfrac{5}{6}\right)$ ❹ $\dfrac{64}{21}\left(3\dfrac{1}{21}\right)$

❺ $\dfrac{73}{52}\left(1\dfrac{21}{52}\right)$ ❻ $\dfrac{71}{30}\left(2\dfrac{11}{30}\right)$

❼ $\dfrac{85}{42}\left(2\dfrac{1}{42}\right)$ ❽ $\dfrac{77}{60}\left(1\dfrac{17}{60}\right)$

❾ $\dfrac{107}{48}\left(2\dfrac{11}{48}\right)$

❿ $\dfrac{121}{72}\left(1\dfrac{49}{72}\right)$

㊳ 分数のたし算 ④　38 ページ

1 ❶ $4\dfrac{11}{36}\left(\dfrac{155}{36}\right)$ ❷ $3\dfrac{1}{15}\left(\dfrac{46}{15}\right)$

❸ $4\dfrac{3}{5}\left(\dfrac{23}{5}\right)$ ❹ $3\dfrac{9}{10}\left(\dfrac{39}{10}\right)$

❺ $6\dfrac{13}{33}\left(\dfrac{211}{33}\right)$ ❻ $4\dfrac{59}{85}\left(\dfrac{399}{85}\right)$

❼ $4\dfrac{11}{36}\left(\dfrac{155}{36}\right)$ ❽ $2\dfrac{23}{35}\left(\dfrac{93}{35}\right)$

❾ $5\dfrac{11}{15}\left(\dfrac{86}{15}\right)$ ❿ $7\dfrac{5}{33}\left(\dfrac{236}{33}\right)$

㊴ 分数のひき算 ①　39 ページ

1 ❶ $\dfrac{5}{12}$ ❷ $\dfrac{19}{56}$ ❸ $\dfrac{30}{77}$ ❹ $\dfrac{23}{36}$

❺ $\dfrac{7}{12}$ ❻ $\dfrac{23}{40}$ ❼ $\dfrac{5}{24}$ ❽ $\dfrac{17}{90}$

❾ $\dfrac{29}{48}$ ❿ $\dfrac{43}{60}$

》》考え方 分数のたし算と同じように，通分して分母をそろえてから分子どうしを計算します。

㊵ 分数のひき算 ②　40 ページ

1 ❶ $\dfrac{1}{3}$ ❷ $\dfrac{1}{2}$ ❸ $\dfrac{1}{8}$ ❹ $\dfrac{1}{2}$

❺ $\dfrac{3}{4}$ ❻ $\dfrac{2}{3}$ ❼ $\dfrac{1}{2}$ ❽ $\dfrac{2}{9}$

❾ $\dfrac{2}{5}$ ❿ $\dfrac{2}{3}$

》》考え方 分数のたし算と同じように計算をして，答えが分数になったときは，約分ができないか最後に必ず確認しましょう。

㊶ 分数のひき算 ③　　41ページ

1　① $\dfrac{3}{5}$　② $\dfrac{2}{3}$　③ $\dfrac{1}{3}$　④ $\dfrac{14}{45}$

⑤ $\dfrac{11}{14}$　⑥ $\dfrac{31}{78}$　⑦ $\dfrac{21}{40}$　⑧ $\dfrac{9}{28}$

⑨ $\dfrac{18}{35}$　⑩ $\dfrac{34}{39}$

㊷ 分数のひき算 ④　　42ページ

1　① $\dfrac{11}{18}$　② $\dfrac{1}{2}$　③ $\dfrac{6}{7}$　④ $\dfrac{12}{35}$

⑤ $\dfrac{17}{18}$　⑥ $\dfrac{25}{57}$　⑦ $\dfrac{13}{30}$　⑧ $\dfrac{21}{40}$

⑨ $\dfrac{19}{48}$　⑩ $\dfrac{1}{6}$

㊸ 分数のたし算とひき算 ①　　43ページ

1　① $\dfrac{9}{10}$　② 1　③ $\dfrac{35}{36}$

④ $\dfrac{41}{24}\left(1\dfrac{17}{24}\right)$　⑤ $\dfrac{1}{20}$

⑥ $\dfrac{7}{30}$　⑦ $\dfrac{3}{10}$　⑧ $\dfrac{1}{4}$

㊹ 分数のたし算とひき算 ②　　44ページ

1　① $\dfrac{5}{24}$　② $\dfrac{23}{30}$　③ $\dfrac{25}{24}\left(1\dfrac{1}{24}\right)$

④ $\dfrac{53}{36}\left(1\dfrac{17}{36}\right)$　⑤ $\dfrac{3}{4}$　⑥ $\dfrac{2}{7}$

⑦ $\dfrac{7}{8}$　⑧ $\dfrac{17}{12}\left(1\dfrac{5}{12}\right)$

≫考え方 通分して分母をそろえてから分子どうしをたし算，ひき算します。答えが分数になったときは，約分ができないか確認しましょう。

⑤ $\dfrac{5}{6}+\dfrac{19}{24}-\dfrac{7}{8}=\dfrac{20}{24}+\dfrac{19}{24}-\dfrac{21}{24}$

$=\dfrac{18}{24}=\dfrac{3}{4}$

---

⑧ $\dfrac{13}{15}-\dfrac{7}{20}+\dfrac{9}{10}=\dfrac{52}{60}-\dfrac{21}{60}+\dfrac{54}{60}$

$=\dfrac{85}{60}=\dfrac{17}{12}\left(1\dfrac{5}{12}\right)$

㊺ 分数のたし算とひき算 ③　　45ページ

1　① $\dfrac{73}{30}\left(2\dfrac{13}{30}\right)$　② $\dfrac{77}{36}\left(2\dfrac{5}{36}\right)$

③ $3\dfrac{19}{28}\left(\dfrac{103}{28}\right)$

④ $2\dfrac{43}{60}\left(\dfrac{163}{60}\right)$

⑤ $\dfrac{5}{12}$　⑥ $\dfrac{31}{36}$　⑦ $\dfrac{5}{36}$　⑧ $\dfrac{1}{30}$

㊻ 分数のたし算とひき算 ④　　46ページ

1　① $\dfrac{13}{20}$　② $\dfrac{77}{60}\left(1\dfrac{17}{60}\right)$　③ $\dfrac{11}{12}$

④ $\dfrac{5}{4}\left(1\dfrac{1}{4}\right)$　⑤ $2\dfrac{2}{35}\left(\dfrac{72}{35}\right)$　⑥ 1

⑦ $1\dfrac{3}{8}\left(\dfrac{11}{8}\right)$　⑧ $1\dfrac{2}{7}\left(\dfrac{9}{7}\right)$

㊼ まとめテスト ⑦　　47ページ

1　① $\dfrac{17}{20}$　② $\dfrac{37}{30}\left(1\dfrac{7}{30}\right)$

③ $\dfrac{25}{12}\left(2\dfrac{1}{12}\right)$　④ $3\dfrac{7}{9}\left(\dfrac{34}{9}\right)$

⑤ $\dfrac{1}{54}$　⑥ $\dfrac{16}{33}$　⑦ $\dfrac{38}{21}\left(1\dfrac{17}{21}\right)$

⑧ $\dfrac{5}{9}$　⑨ $\dfrac{23}{14}\left(1\dfrac{9}{14}\right)$

⑩ $2\dfrac{57}{70}\left(\dfrac{197}{70}\right)$

≫考え方 ⑨ $\dfrac{8}{7}-\dfrac{2}{3}+\dfrac{7}{6}=\dfrac{48}{42}-\dfrac{28}{42}+\dfrac{49}{42}$

$=\dfrac{69}{42}=\dfrac{23}{14}\left(1\dfrac{9}{14}\right)$

㊽ まとめテスト ⑧ 48ページ

1 ❶ $\frac{47}{35}\left(1\frac{12}{35}\right)$ ❷ $\frac{33}{91}$

❸ $\frac{7}{4}\left(1\frac{3}{4}\right)$ ❹ $3\frac{1}{12}\left(\frac{37}{12}\right)$

❺ $\frac{23}{80}$ ❻ $\frac{11}{72}$ ❼ $\frac{47}{48}$ ❽ $\frac{1}{2}$

❾ $\frac{41}{18}\left(2\frac{5}{18}\right)$ ❿ $1\frac{11}{24}\left(\frac{35}{24}\right)$

㊾ 体積の計算 ① 49ページ

1 ❶ 27 cm^3 ❷ 378 cm^3

❸ 144 cm^3 ❹ 64 cm^3

≫考え方 直方体の体積は，たて×横×高さで求められます。
立方体は，どの辺も同じ長さの直方体なので，体積は 1 辺×1 辺×1 辺
で求められます。

2 ❶ 160 cm^3 ❷ 84 cm^3

㊿ 体積の計算 ② 50ページ

1 ❶ 288 cm^3 ❷ 148 cm^3

❸ 1026 cm^3 ❹ 865 cm^3

≫考え方 ❷2×10×9−2×4×4
=180−32=148(cm^3)
❹次の図のように，立体を 3 つの直方体に分けて計算すると，
700+120+45=865(cm^3)

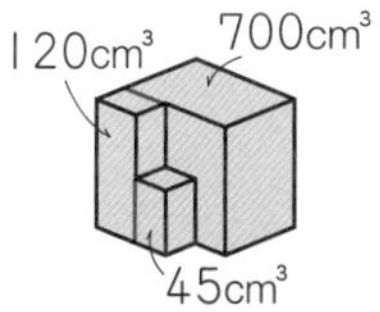

(51) 体積の計算 ③ 51ページ

1 ❶ 1 ❷ 2000000 ❸ 3000

❹ 5 ❺ 77.1 ❻ 4300

≫考え方 1 m=100 cm なので，
1 m^3=1 m×1 m×1 m
=100 cm×100 cm×100 cm
=1000000 cm^3
また，1 mL=1 cm^3 なので，
1 L=1000 cm^3

2 ❶ 4.8 L ❷ 5.7 L

≫考え方 ❶(22−2)×(18−2)×(16−1)
=4800(cm^3)
4800cm^3=4.8L

(52) 体積の計算 ④ 52ページ

1 ❶ 4 ❷ 7 ❸ 9 ❹ 6

≫考え方 ❹立方体の 1 辺を□ cm とすると，
□×□×□=216 になります。
3 回かけると 216 になるような数を見つけます。

2 ❶ 6 ❷ 2

≫考え方 ❶10×7×□=420 より，
70×□=420
□=420÷70=6

(53) 角度の計算 ① 53ページ

1 ❶ 29° ❷ 101° ❸ 86°

❹ 36° ❺ 58° ❻ 45°

≫考え方 三角形の 3 つの角の和は 180° になります。
❷三角形では次の図のような性質があるので，
66°+35°=101°

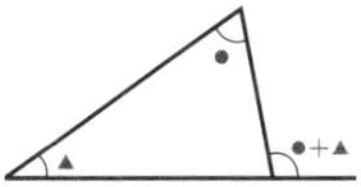

❹ 72° の角が 2 つある二等辺三角形です。

(54) 角度の計算 ②　54ページ

1　ア 82°，イ 33°

考え方 イ＝180°−(82°+65°)＝33°

2　ア 112°，イ 44°

3　ア 41°，イ 61°

考え方 三角形 ADC が二等辺三角形なので，角 ADC＝180°−41°×2＝98°
よって，角 ADB＝98°−40°＝58°
三角形 ADB が二等辺三角形なので，
イ＝(180°−58°)÷2＝61°

(55) 角度の計算 ③　55ページ

1　❶ 95°　❷ 81°　❸ 89°
❹ 68°　❺ 83°　❻ 55°

考え方 四角形の 4 つの角の和は 360° になります。
❺平行四辺形では，となり合う 2 つの角の和は 180° になります。
❻ひし形は平行四辺形の特別な場合です。

(56) 角度の計算 ④　56ページ

1　ア 61°，イ 106°

考え方 角 ABC＝90° より，
ア＝180°−(90°+29°)＝61°
角 DBC＝45° より，
イ＝61°+45°＝106°

2　ア 60°，イ 15°

考え方 正三角形の 1 つの角は 60° です。
次の図で，
★＝90°−60°＝30°
イ＝90°−(180°−30°)÷2＝15°

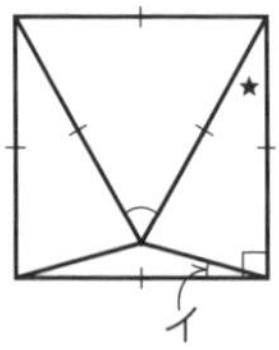

3　❶ 540°　❷ 180°

考え方 ❶次の図のように，五角形は 3 つの三角形に分けることができます。
よって，角の和は 180°×3＝540°

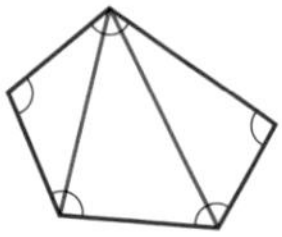

❷次の図で，●+▲+オ＝180°
イ+エ＝●，ア+ウ＝▲ より，
ア+イ+ウ+エ+オ＝180°

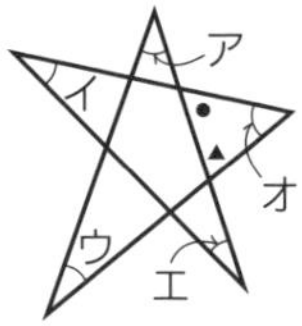

(57) まとめテスト ⑨　57ページ

1　❶ 186 cm^3　❷ 0.92 m^3

考え方 ❶次の図のように考えると，
264−42−36＝186(cm^3)

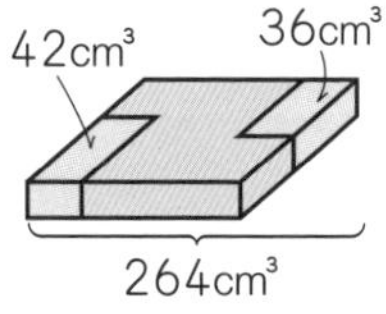

2　8 L

考え方 (24−4)×(24−4)×(22−2)
＝8000(cm^3)
8000cm^3＝8L

3　25

考え方 9.6L＝9600cm^3
24×16×□＝9600 より，
□＝9600÷24÷16
□＝25

⑤⑧ まとめテスト ⑩　　58ページ

1　❶ 73°　❷ 130°
　　❸ 26°　❹ 80°

》》考え方❷次の図で，ア＝★＋39°
★＝20°＋71°＝91°より，
ア＝91°＋39°＝130°

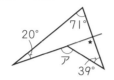

❸次の図で，●＝ア，▲＝ア×2
ア＋▲＝78° より，
ア＝78°÷3＝26°

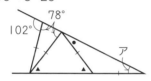

2　ア 54°，イ 72°

》》考え方 次の図で，三角形 ABC と三角
形 DBC はまったく同じ三角形になるので，
○＝ア
72°＋ア＋○＝180°より，
ア＝（180°－72°）÷2＝54°
三角形の 3 つの角の和が 180°なので，
72°＋90°＋×＝180°
イ＋90°＋×＝180°より，
イ＝72°

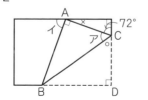

⑤⑨ 面積の計算 ①　　59ページ

1　❶ 30 cm²　❷ 20 cm²
　　❸ 24 cm²　❹ 42 cm²

》》考え方 平行四辺形の面積は，底辺×高さ
で求められます。
❸ 6 cm の辺を底辺としたときの高さは
4 cm です。

2　❶ 63 cm²　❷ 144 cm²

》》考え方❷たて 8 cm，横 18 cm の長方
形と同じ面積です。

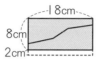

⑥⓪ 面積の計算 ②　　60ページ

1　❶ 36 cm²　❷ 45.5 cm²
　　❸ 60 cm²　❹ 49.5 cm²

》》考え方 三角形の面積は，底辺×高さ÷2
で求められます。

2　❶ 35 cm²　❷ 6.5 cm²

》》考え方❶ 14×10÷2－14×5÷2
＝35（cm²）

⑥① 面積の計算 ③　　61ページ

1　❶ 18 cm²　❷ 56 cm²
　　❸ 24 cm²　❹ 31.5 cm²

》》考え方 台形の面積は，
（上底＋下底）×高さ÷2 で求められます。
ひし形など，対角線が垂直に交わっている
四角形の面積は，
一方の対角線×もう一方の対角線 ÷2
で求められます。

2　❶ 71 cm²　❷ 69 cm²

》》考え方❷底辺 12 cm，高さ 7 cm の三
角形と底辺 6 cm，高さ 9 cm の三角形に
分けて計算します。

(62) 面積の計算 ④　62ページ

1 ❶ $76\ cm^2$　❷ $15\ cm^2$
❸ $99\ cm^2$　❹ $30\ cm^2$

》》考え方 ❸ 8×9÷2+(11+3)×9÷2
=99(cm^2)
❹ (2+4)×(4+6)÷2=30(cm^2)

(63) 円周の計算 ①　63ページ

1 ❶ 21.98 cm　❷ 37.26 cm
❸ 25.12 cm　❹ 37.68 cm

》》考え方 円周＝直径×3.14(円周率) の公式を利用します。分配のきまりを使うと計算が楽になります。
❶ 1×2×3.14+5×3.14
=(2+5)×3.14=7×3.14=21.98(cm)
❷半円の曲線部分は 円周÷2 で求めます。
9×3.14÷2+9÷2×3.14+9
=9×3.14+9=37.26(cm)

(64) 円周の計算 ②　64ページ

1 ❶ 82.24 cm　❷ 27.7 cm
❸ 68.52 cm　❹ 60.97 cm

》》考え方 ❷曲線部分は (半径 2 cm の円の円周)÷2+(半径 3 cm の円の円周)÷2 で求めます。
❹曲線部分は (直径 7 cm の円の円周)+(半径 7 cm の円の円周)÷4 で求めます。

(65) まとめテスト ⑪　65ページ

1 ❶ $25\ cm^2$　❷ $98\ cm^2$

》》考え方 ❷ (9−2)×(16−2)=98(cm^2)

2 ❶ 18.84 cm　❷ 20.56 cm

》》考え方 ❷ 2×2×3.14+4×2
=20.56(cm)

(66) まとめテスト ⑫　66ページ

1 ❶ $8\ cm^2$　❷ $12\ cm^2$

》》考え方 ❶次の図で，
三角形 BEC＝三角形 ABC−BC×4÷2
よって，色のついた部分は，三角形 ABD と同じ面積です。

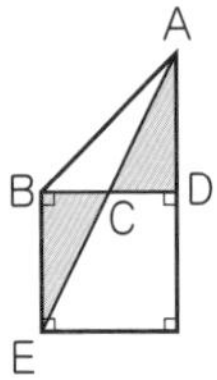

❷次の図で，色のついた三角形 ABC の底辺 BC は，三角形 ABD の底辺 BD の半分の長さになっています。

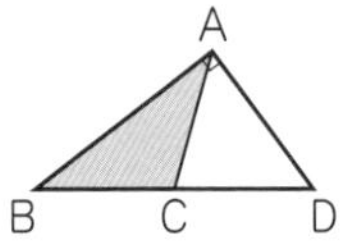

三角形 ABD=8×6÷2=24(cm^2) より，
色のついた部分の面積は，
24÷2=12(cm^2)

2 ❶ 34.84 cm　❷ 33.98 cm

》》考え方 ❶ (8+2)×2×3.14÷4
+2×2×3.14÷4+8×2
=20×3.14÷4+4×3.14÷4+16
=(20+4)×3.14÷4+16
=6×3.14+16
=18.84+16=34.84(cm)
❷8×3.14÷2+6×2×3.14÷4+8+2+2
=(4+3)×3.14+12
=21.98+12=33.98(cm)